如果化学一开始就这么简单

空气是看不见

大力士

韩国赫尔曼出版社◎著　　金银花◎译

北京科学技术出版社

人物

氧化反应

有害气体

文化

体育

氮

气体在生活中的应用

离开空气，我们无法生存。

那么，空气是由哪些气体组成的呢？

空气中除了氧气，还有一些其他气体。

本书详细讲解了氧气和空气中的其他气体。

生活

二氧化碳

氦

社会

一天，小棠一家人去公园玩。

玩着玩着，小棠发现姐姐不见了。

"咦，姐姐去哪里了？"

小棠东张西望地找姐姐。

"姐姐在那里！她在滑滑梯呢。"

小棠朝儿童游乐场跑去，想和姐姐一起滑滑梯。

姐姐，我也要滑滑梯！

"孩子们，吃午饭了！"
妈妈呼唤小棠和姐姐。
小棠正要伸手拿紫菜包饭，
惊讶地发现自己的手红通通的。
"啊！我的手流血了！"
姐姐也低头看看自己的手，同样大吃一惊。
"天哪，我的手也流血了！"

5

科学
小贴士

物质与氧气发生的化学反应被称为氧化。
铁遇到空气中的氧气发生氧化反应，会生
成氧化铁。氧化铁遇到水后，会形成红色
的铁锈。生锈的铁强度减弱，容易断裂。

妈妈看了看，笑着说：
"那不是血，是滑梯上的铁锈。"
小棠回头看了一眼滑梯，
发现滑梯上有几处油漆掉了，
没有油漆的部分红红的，原来是生了锈。
"铁为什么会生锈呢？"
"铁遇到氧气和水就会生锈。"

妈妈用手指了指秋千，
原来一位叔叔正在给秋千架刷油漆。
"如果在铁表面刷一层漆，
使铁无法接触氧气，铁就不会生锈了。"
小棠拍了拍手上的铁锈说：
"氧气真讨厌！竟然让铁生锈！"

10

小棠把手洗干净，开始吃紫菜包饭。

"紫菜包饭好吃吗？吃苹果吗？"

妈妈拿出事先切好的苹果片。

小棠惊讶地发现苹果片变成了褐色。

"咦？妈妈，苹果颜色好奇怪，我不要吃。"

"但是味道还可以。苹果遇到氧气变色了。"

"氧气真讨厌！很多东西都被它弄得不好看了。"

氧分子

氮分子

水分子

生活小贴士

苹果和土豆含有香味独特的酚类物质。当酚类物质与空气中的氧气结合时，苹果和土豆会变成褐色，这个现象被称为褐变。把削了皮的苹果和土豆浸入水中，可以避免发生褐变现象。

听见小棠的抱怨，妈妈忍不住笑了：
"氧气是我们生活中必不可少的东西。
我们的身体从食物中获取能量，
就需要氧气的帮助。
例如，含有营养成分的葡萄糖遇到氧气
才能够转化为能量。"
姐姐瞥了一眼小棠鼓鼓的肚子，笑着说：
"有了能量，你才有力气继续玩耍。"

吃饱了，继续玩吧！

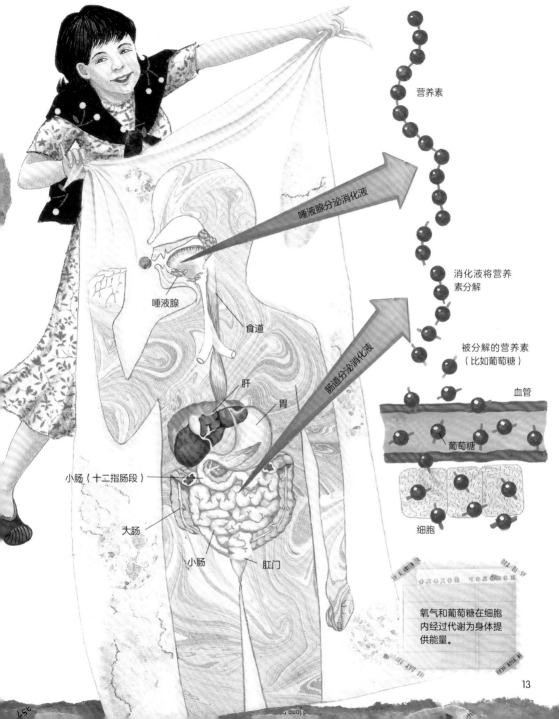

营养素

唾液腺分泌消化液

消化液将营养
素分解

被分解的营养素
（比如葡萄糖）

血管

唾液腺

食道

葡萄糖

肠道分泌消化液

肝

胃

细胞

小肠（十二指肠段）

大肠

小肠

肛门

氧气和葡萄糖在细胞
内经过代谢为身体提
供能量。

我们一起玩吧。

科学小贴士

如果我们不呼吸，不吸入无色无味的氧气，就无法生存。人和动物通过呼吸，吸入氧气，呼出二氧化碳。

小棠突然站了起来。

"看那儿！我们班的几个同学正在玩球呢！"

他向同学们跑去，尽兴地跟他们一起玩。

玩着玩着，小棠感到累了，就地躺下。

妈妈赶过来对小棠说：

"赶紧深吸一口气，这样就可以吸入足够的氧气。"

"真的吗？可是我看不见氧气啊。"

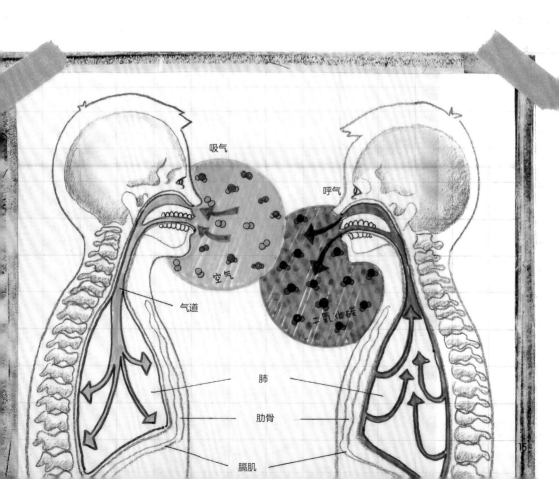

小棠觉得舒服多了，站了起来，挥动着双臂：
"哈哈！我要抓住氧气！"
妈妈说：
"氧气无色无味，既看不见又摸不着。
空气中的氧气、氮气、二氧化碳等气体
都是无色无味的。"

我要抓住
氧气！

社会
小贴士

大气中的二氧化碳等气体像帐篷一样阻止了地球表面热量的散失，导致地球表面温度上升，这种现象被称为温室效应。温室效应进一步引发了地球生态系统被破坏、海平面上升等问题。

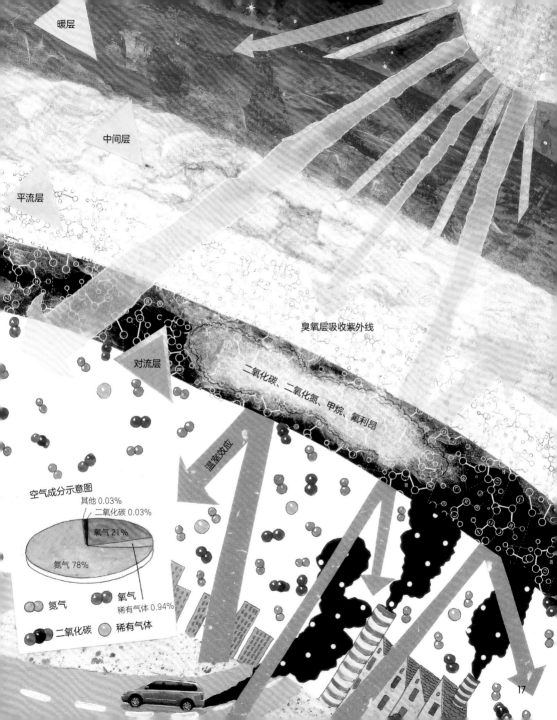

暖层

中间层

平流层

臭氧层吸收紫外线

对流层

二氧化碳、二氧化氮、甲烷、氟利昂

温室效应

空气成分示意图

其他 0.03%
二氧化碳 0.03%
氧气 21%

氮气 78%

稀有气体 0.94%

氮气　　氧气

二氧化碳　稀有气体

17

姐姐把一包零食递给小棠。

"小棠，你知道这个袋子
为什么鼓鼓的吗？"

"这也太简单了，
当然是因为里面装满了零食，
袋子才会鼓鼓的呀。"

听了小棠的回答，姐姐哈哈大笑。

"不，那是因为袋子里面充满了氮气。
这样不仅可以防止零食被压碎，
还可以防止食物变质。"

汽车安全气囊里充满了氮气。在发生车祸的
危险时刻，装有氮气的安全气囊会弹出，可
以减少撞击给人带来的冲击，降低受伤概率。

氮气

19

姐姐看到远处长椅上的一位阿姨
正在喝可乐，
对小棠说：
"你知道吗？那瓶饮料里有二氧化碳。
据说，灭火器里同样装有二氧化碳。"
小棠点点头说：
"噢，原来气体有这么多用处啊。"

光合作用
植物利用阳光、水、二氧化碳生成
葡萄糖，并释放出氧气的过程。

碳酸饮料里有
二氧化碳。

筛管

导管

二氧化碳在常温下是一种无色无味且可溶于水的气体。我们在生活中经常喝的可乐等碳酸饮料中就有二氧化碳。当我们喝可乐时，喉咙会有一种刺激感；可乐倒进杯子时，会出现很多小气泡，那就是二氧化碳。

二氧化碳

葡萄糖 + 氧气

淀粉

葡萄糖 ← 淀粉

碳酸饮料

22

氦气

这时，小棠听见卖气球的叔叔正在大声叫卖：
"卖气球喽！星星气球、爱心气球……，什么样的气球都有！"
"姐姐，我想买气球。"
结果，小棠一不小心让气球飞走了。
"呜呜呜，我的气球飞走了！怎么办？"
"没办法，这个气球里充满了氦气，
氦气比空气轻，你一放手气球自然会上升到空中。
姐姐再给你买一个，这回你可要拿紧了。"

"哇，姐姐什么都懂！好厉害！"
姐姐得意地耸耸肩：
"哈哈，是吗？我还知道很多气体的知识，
比如氢气被用作火箭和环保汽车的燃料，
氮气被用作肥料的原料。"

肥料

肥料

新能源汽车

燃料

氢由液态转化为气态。

▲ 二氧化碳灭火器用于扑灭
小范围的火。

▶ 氧炔焰主要用于焊接金属。

"原来，包括氧气在内的
各种气体有这么多用处啊！"
小棠一边走一边想。
轰——
突然，一辆汽车从他们身边
飞驰而过，
留下一股浓浓的黑烟。
"咳咳咳咳咳！"
小棠忍不住咳嗽起来。
"赶快捂住口鼻，汽车尾气中含有
一氧化碳、二氧化氮等有害物质。"
姐姐提醒小棠。

社会小贴士

汽车尾气含有一氧化碳、二氧化氮、碳氢化合物、颗粒
物等，会污染空气。二氧化氮在阳光照射下会生成臭氧，
而臭氧会与碳氢化合物发生反应，形成烟雾；颗粒物会
引发呼吸道疾病，对人体健康造成严重的影响。

太阳下山了。

姐姐带着小棠收拾垃圾。

小棠抱怨说："唉，好累！
我们非要捡垃圾吗？"

姐姐笑着回答小棠：
"树木为我们人类制造新鲜空气。
所以，我们要努力为树木营造
整洁的环境。"

小棠一家把垃圾全部捡干净后，
开开心心地回家了。

으뜸 사이언스 20 권

Copyright © 2016 by Korea Hermann Hesse Co., Ltd.

All rights reserved.

Originally published in Korea by Korea Hermann Hesse Co., Ltd.

This Simplified Chinese edition was published by Beijing Science and Technology Publishing Co., Ltd.

in 2022 by arrangement with Korea by Korea Hermann Hesse Co., Ltd.

through Arui SHIN Agency & Qiantaiyang Cultural Development (Beijing) Co., Ltd.

Simplified Chinese Translation Copyright © 2022 by Beijing Science and Technology Publishing Co., Ltd.

著作权合同登记号　图字：01-2021-5223

图书在版编目（CIP）数据

如果化学一开始就这么简单. 空气是看不见的大力士 / 韩国赫尔曼出版社著；金银花译. —北京：
北京科学技术出版社，2022.3

ISBN 978-7-5714-1996-7

Ⅰ. ①如… Ⅱ. ①韩… ②金… Ⅲ. ①化学—儿童读物 Ⅳ. ① O6-49

中国版本图书馆 CIP 数据核字（2021）第 259475 号

策划编辑：石　婧　闫　娉	电　　话：0086-10-66135495（总编室）
责任编辑：张　芳	0086-10-66113227（发行部）
封面设计：沈学成	网　　址：www.bkydw.cn
图文制作：杨严严	印　　刷：北京宝隆世纪印刷有限公司
责任印制：张　良	开　　本：710 mm × 1000 mm　1/20
出 版 人：曾庆宇	字　　数：20 千字
出版发行：北京科学技术出版社	印　　张：1.6
社　　址：北京西直门南大街 16 号	版　　次：2022 年 3 月第 1 版
邮政编码：100035	印　　次：2022 年 3 月第 1 次印刷
ISBN 978-7-5714-1996-7	

定　价：96.00 元（全 6 册）